生命日记
鱼类动物
金鱼

夏艳洁 编写

吉林出版集团股份有限公司 全国百佳图书出版单位

图书在版编目（ＣＩＰ）数据

生命日记. 鱼类动物. 金鱼 / 夏艳洁编写. -- 长春:
吉林出版集团股份有限公司, 2018.4
　　ISBN 978-7-5534-1422-5

　　Ⅰ. ①生… Ⅱ. ①夏… Ⅲ. ①金鱼—少儿读物 Ⅳ.
①Q-49

中国版本图书馆 CIP 数据核字(2012)第 316671 号

生命日记·鱼类动物·金鱼
SHENGMING RIJI YULEI DONGWU JINYU

编　　写	夏艳洁
责任编辑	赵黎黎
装帧设计	卢　婷
排　　版	长春市诚美天下文化传播有限公司
出版发行	吉林出版集团股份有限公司
印　　刷	河北锐文印刷有限公司
版　　次	2018 年 4 月第 1 版　2018 年 5 月第 2 次印刷
开　　本	720mm×1000mm　1/16
印　　张	8
字　　数	60 千
书　　号	ISBN 978-7-5534-1422-5
定　　价	27.00 元
地　　址	长春市人民大街 4646 号
邮　　编	130021
电　　话	0431-85618719
电子邮箱	SXWH00110@163.com

目　录

Contents

目 录

Contents

目 录

Contents

目　录

Contents

金　　鱼

　　我是一条一天到晚游泳的小金鱼，穿着一身色彩艳丽的衣裳，终生生活在水中。由于我长得十分漂亮，很受人们的喜爱，一直作为观赏鱼类被养殖，是天然的活的艺术品。

妈妈快游

随着妈妈肚子越来越大，我要出生了。我现在还是一个卵细胞，我和兄弟姐妹们挤成一团，紧紧相拥在一个黑暗的小屋里。突然，我感觉剧烈的震动，原来是爸爸在水池中飞快地追着妈妈，还用头部和鳃盖摩擦妈妈的肚子，好帮助我们跑到水中来。小屋里开始有缝隙，我要快点出去，妈妈快游啊！当我感受到强烈的撞击时，妈妈又连续收缩了几下肚子，我一下子冲了出去，落在密布的水草上，爸爸也从它的肚子里洒出一些小精子，流进我的身体里，我想现在我就可以开始变形长大啦！

我趴在水草上

　　妈妈生下我之前在一个特定的水域中活动，在这片水域中散布着一些水草。这些水草便是刚出生的我需要停留的地方，也是我最初成长的摇篮。刚刚出生的我软软的、黏黏的，没有力气活动。我漂在这些水草上，安静地在那里避荫避难。这真是个好地方，让懒懒的我们可以好好地躺在那里睡一觉。如果没有这些温柔的植物收容着我们，轻软的小鱼卵们就会沉入水底，导致我们没有办法呼吸而大量地死亡。同时，这些水浮莲、轮藻、水葫芦还可以给刚出生的我提供足够的氧气和优质的水，我爱这些可爱的植物们。

只有部分鱼卵可以成活

4月17日 周二 晴

　　一天后，我发现我们的身体是半透明的，但有几个兄弟的身体却是白颜色的，有的外面还长出了白毛，它们是怎么了？为什么和我们不一样？我的心中充满了疑问，妈妈告诉我，虽然它一下子产下了很多的宝宝，但不是每一个都能成活的，像我这样身体呈半透明的小鱼卵是健康的，可以长大，而像我兄弟那个样子的是没有生命力的，它们已经死了。还有一类宝宝它们虽然和我长得一样，却一直长不大，它们是没有受精的宝宝，最后也不会长大。妈妈说因为有我们这些健康的宝宝而感到欣慰，我也好开心有一个好妈妈。小主人可真是个细心人！

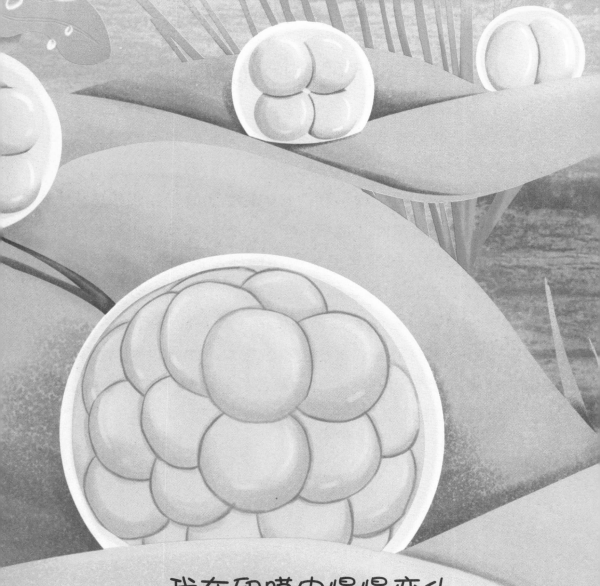

我在卵膜中慢慢变化

现在的我趴在水草上，感觉开心极了，这个大水池比起我原来待着的小屋子可是宽敞好多呢。周围的水也特别的凉爽，好奇的我既紧张又高兴。虽然我还是和兄弟姐妹们挤在一起，但我感觉自己的身体却开始发生了变化。提供营养的

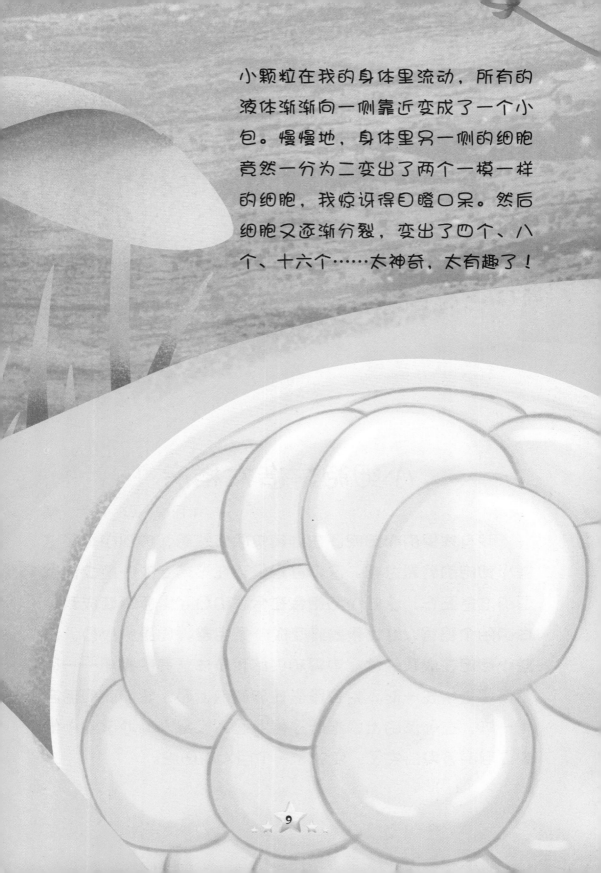

小颗粒在我的身体里流动，所有的液体渐渐向一侧靠近变成了一个小包。慢慢地，身体里另一侧的细胞竟然一分为二变出了两个一模一样的细胞，我惊讶得目瞪口呆。然后细胞又逐渐分裂，变出了四个、八个、十六个……太神奇，太有趣了！

小细胞建造大楼房

4月21日 周六 晴

我身体里的小细胞还在继续快速分裂着，你别小看了这些小细胞的分裂过程。这个过程是我在没有变成小鱼之前重要的准备工作，这些小细胞会在今后的日子里逐渐变成我身体的各个器官，好让我最终变成一条完整、健康的小鱼。这些小细胞在成长的过程中要和供给我身体营养的颗粒——卵黄紧密地挤在一起，并且覆盖在卵黄的上面，它们就像盖高楼一样，在卵黄的上面堆起了好多层。但是渐渐地这些小细胞之间的分界消失了，变成了一个巨大的细胞。

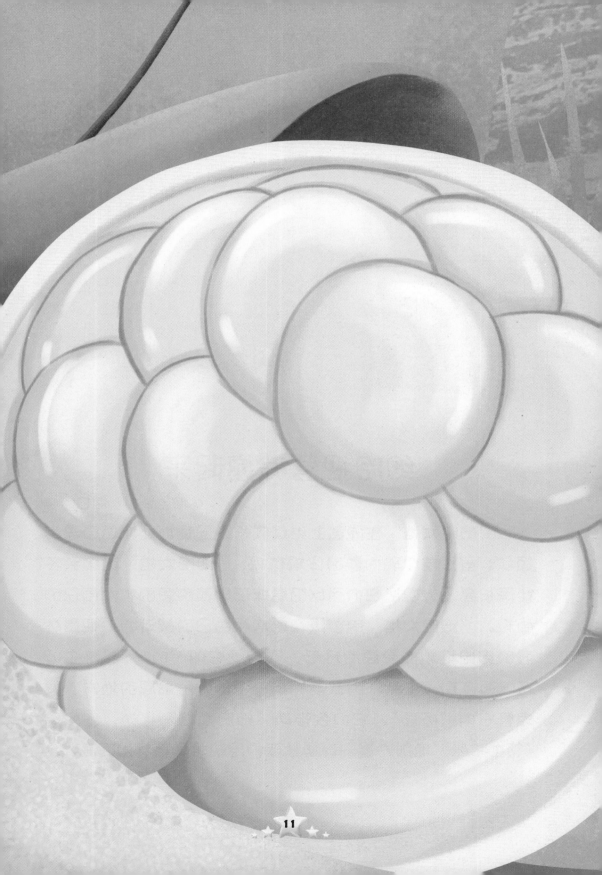

细胞把营养裹起来

4月22日　周日　晴

　　"细胞大楼"在卵黄上继续成长，尽情地延伸着自己的领域。虽然整个卵内部的体积有限，"细胞大楼"的个头不能再长高了，但是它们可以沿着球形卵黄的周围扩大自己的面积。"细胞大楼"的边缘开始增强自己的战斗力，把最外层的细胞堆积成厚厚的环形，我们管它叫"胚环"。这个胚环上面还有一个特别的武器，有一个细胞层最厚的地方，大家管它叫"胚盾"。它们会带动"细胞大楼"移动，还会给"领土扩张"增加力量，以便让我们尽快将卵黄包围起来。

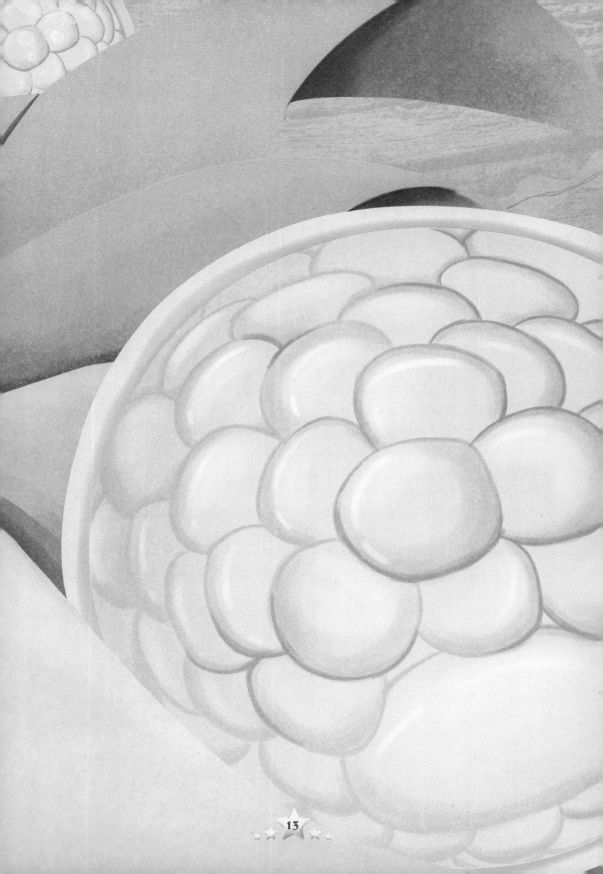

我的大脑形成了

4月25日　周三　晴

今天"细胞大楼"彻底地将卵黄包裹在里面，我终于成形了一个整体。现在身体的各个器官要开始发育成形了，我要努力变成一只"有模有样"的小鱼。我身体的最前端变成了大脑，大脑分成前脑、中脑和后脑三个小部分，这三个部分之间都存在着一定的缝隙，这些缝隙逐渐地变宽、增长，最后把前脑、中脑和后脑清晰地分开，它们各自有着独立的空间。这样它们就会互不干扰地完成自己所分到的工作啦！我们的大脑和中枢神经系统也就从这时开始形成啦！

我的眼睛像大泡泡

4月27日 周五 晴

在我脑袋的上方长着一个小肉球，在大脑形成的过程中，它也在悄悄地变化着。小肉球的正中间最先出现了一条缝隙，后来这条缝隙一点点地变深，最后将小肉球分成了两半，这两个圆球就是我一双大眼睛的最初形状。可是

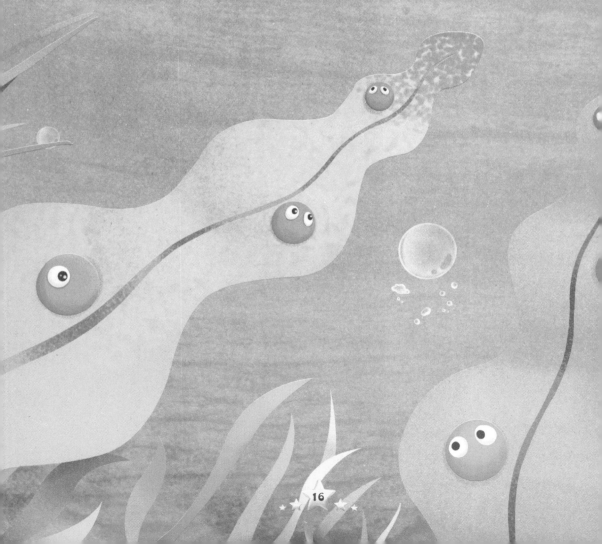

眼睛要光是肉做成的可怎么看东西呢？别着急，虽然现在我的眼睛不能看见东西，但是它也会慢慢地成长变化，现在眼睛的前面已经有"晶状体"开始形成了，它是保证我的眼睛看清东西的重要组成部分，过段日子，我的眼睛一定会发挥作用的！

耳朵和鼻子最初形成

4月28日　周六　晴

我的小耳朵长在后脑偏向后面的位置，从背面看去，在后脑的两边长着一对椭圆形的小孔，颜色淡淡的，需要仔细看才能发现，但是在这个小孔里却住着两块颜色较深的小颗粒，大家管它叫"耳石"。开始我以为它是用来听声音的，后来妈妈告诉我，耳石是用来保持我的身体在水中的平衡的，哈哈，真是有趣极了！我的小鼻子和小耳朵距离比较远，小鼻子长在前脑的前面，是一个浅浅的小窝，它的颜色也是淡淡的，看起来很可爱，这就是我小鼻子的最初状态。

我听到了自己的心跳

4月30日　周一　晴

"嘣，嘣嘣……"从我的身体里持续地发出了奇怪的声音，这是怎么回事？原来这是我的心跳声。在我脑袋的下方有一个不断跳动的小管，这就是我的心脏。随着心脏的跳动，身体里的血液也被带动着开始流动起来了。血液通过分布在身体里的血管缓慢地流回心脏，其中在腹部有一条最粗大的血管，上面分散着一种"色素细胞"，这条血管作为血液在体内流动的主线，把后背的血液引导到腹部的血管中。经过不断的血液循环，我的身体里出现了黑色素细胞。

我有了小尾巴

5月1日 周二 晴

　　我现在的体形逐渐变得苗条了，从一个圆滚滚的球形变成了一个长方形，这都是我小尾巴的功劳。随着尾巴的不断伸长，我的体形也就跟着变长了。最近在我尾巴的末端长出了一个扁圆形的"鳍膜"，它是构成尾鳍的一个重要部分；构成尾鳍的另一个部分就是"鳍条"，鳍条均匀地排列在鳍膜上，像一道道光线洒在尾巴上，真的漂亮极了。我的尾鳍还有个特别之处，那就是有两条尾鳍分散在尾部，它们自然地垂下来，让我看起来就像穿了一件美丽的裙子，特别的耀眼。

我是有耳朵的

5月4日　周五　晴

　　从我的外形来看，大家看不出我有小耳朵，所以很多人都在奇怪我们用什么来聆听外面的世界，用什么去感受外面的声音。其实我们是有耳朵的，只不过没有和人类一样的大耳郭，我们的耳朵藏在叫做听囊的地方，大家常管它叫做内耳，内耳和鳔相连。声音在水中传播的速度比较快，声波震动鳔的外壁，再通过一连串的"小管子"传到我的耳朵里，这样我就听到外面的声音啦。我们的耳朵除了有听觉功能以外，还有保持我们身体平衡的作用，我们的耳朵很神奇吧。

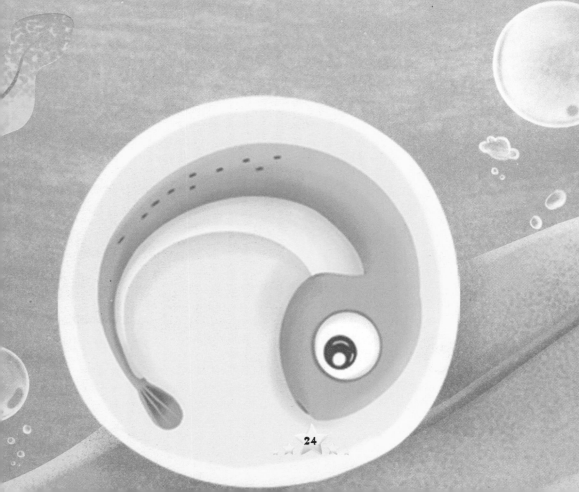

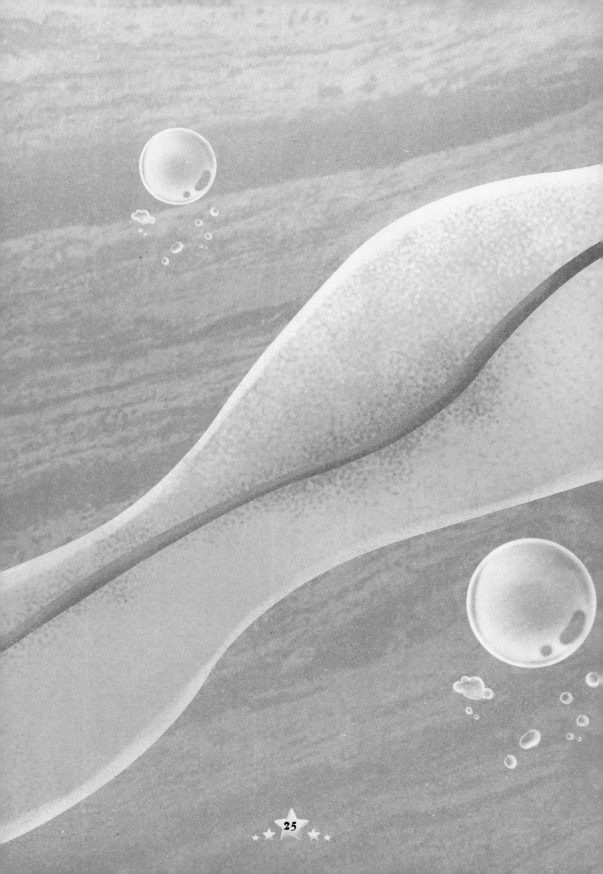

我从卵膜中钻出来

5月8日 周二 晴

刚刚从卵膜中钻出来的我是一只透明的、淡黄色的圆形小鱼。我的小心脏位于背部前面的位置。最奇妙的是我的血液，它是无色的。刚刚出生的我肛门还没有通，当然我也吃不了太多的东西。可大家从我的背部却看不出我是个刚出生的小鱼，因为我的背像个老人一样稍微弯曲，但是我的小尾巴却是笔直的，和背部形成了好大的对比，我的"手臂"收缩着。这时的我心中还有些对外部世界的恐惧，所以我整天在水底平躺、侧卧，不断更换着姿势，有时实在没有意思了我就会游上去看看。

我不太会游泳

5月9日　周三　晴

出膜的第一天，我第一次看到这个美丽的世界。我看着身边许许多多漂亮的珊瑚，形态各异，美不胜收；看着水中自由游动的鱼儿朋友们，真想自己快点长大，有一天也能加入到它们的行列中，游到自己想去的地方。但是现在的我还太小，行动能力也很弱，游不了太远的距离，所以只能摇摆着我的小尾巴，向过往的小鱼们打个招呼。这时我忽然发现自己的心脏和血管变成了红色，弯弯的"老人背"也慢慢地伸直了，长大真的是瞬间的事情。

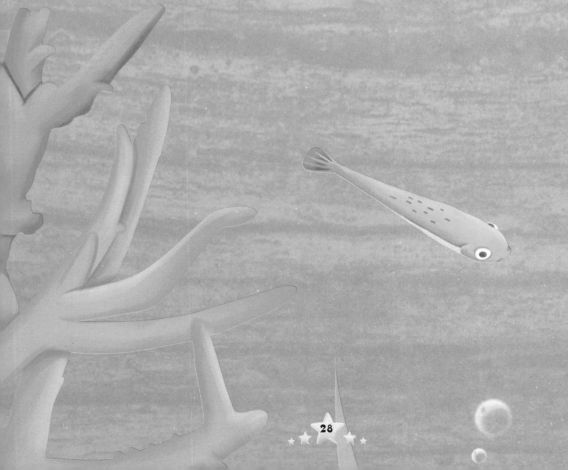

我的脑袋有点变大了

5月12日　周六　晴

在我对这个世界还不了解的时候，好奇的想法促使着活动能力很弱的我不断地转动着眼球向外看。慢慢地，我发现自己的视野变得比以前更加广阔了。正在好奇是怎么回事的时候，我从镜子中发现自己的眼球已经开始往外突出了，我又仔细地看了看，发现我的脑袋也变大了不少，已经不是刚出生时的小小脑袋了。伴随着脑袋的变大，嘴巴也可以张大了，好开心自己的成长，但是现在的我还是没有太多力气游动，只好和小伙伴趴在池壁上休息，要是有危险出现我们便会快快躲开。

我的鳃开始活动了

5月15日 周二 晴

我头部的两侧长着一对鳃，它们的功能可大着呢。首先鳃里面有负责呼吸的器官，叫做鳃片，我要通过它才能从水中呼吸到新鲜的氧气。其次鳃部也有防止食物随水流出体外的功能，所以它也是消化器官。鳃在我刚出生的时候还不能完全地活动，要等到我出生后的三四天，我的鳃才基本发育完全，并且开始做着有规律的活动。伴随着鳃盖的一张一合，我的游泳能力也有了显著加强，我可以四处游玩。无聊的时候我会啄啄石壁上的微生物来打发无趣的时光。

尾鳍也有些小变化

　　日子一天天地过去，我的身体也在发生着微妙的变化，我的尾鳍末端开始向上翘，就像羽毛一样有些微微卷曲，尾部的尾鳍鳍条数量也开始逐渐增多。尾鳍在数量上有所增加，但是外观上是有区别的。我们的尾鳍可以分为单尾鳍和双尾鳍，每种尾鳍也有长和短之分，除了草金鱼之外，我们这些小金鱼的尾鳍都是双尾鳍，我的尾鳍看起来是"八"字形，像两只蝴蝶的翅膀，尤其在我游动起来的时候，尾鳍左右摇摆，宛如一只蝴蝶在水里翩翩起舞，好看极了。

我的肠道通畅了

5月21日 周一 晴

我从出生以来，肠道就经历了一段从堵塞到通畅的艰难过程。刚出生的几天由于我吃不下多少食物，所以也没有注意肛门是否疏通这个问题。慢慢地，随着我的生长，我需要摄入更多的食物来补充自己成长所需要的能量，肠道里不断地积累了许多食物的残渣和消化后的物质，肠道的后端也出现了黑色的代谢产物和没有被消化的食物，现在到了肠道和肛门接通的时刻了。肠道畅通，一切轻松，我可以正常地排泄体内的废物了，也可以健康地成长了。

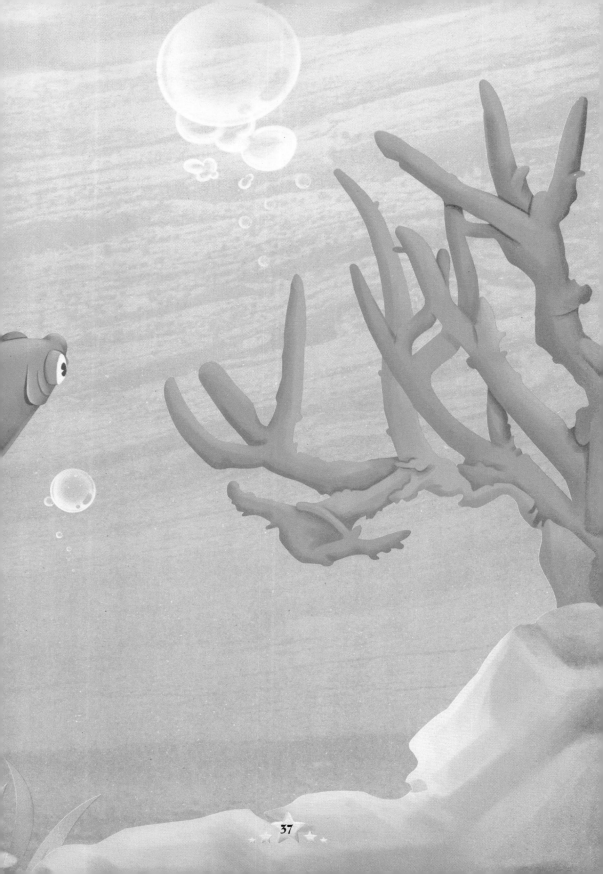

我长出了须子

5月24日　周四　晴

　　前几天我的脸上忽然长出了一对须子，但我还没有太在意它。几天过去，谁知在上一对须子后面又长出了一些小须子，这些须子越长越长，我问妈妈这是什么？妈妈告诉我上面那对须子是下颚须，下面不是须子，而叫做鳃丝，鳃丝的里面隐藏着很多毛细血管，可以帮助我们呼吸氧气，它是鳃的重要组成部分。看着镜子里长着奇怪须子的自己，我不禁笑了出来。后来，观察须子的变化成了我每天的乐趣，现在我的鳃丝慢慢变长，超过了鳃部的后边缘，而下颚须还是短短的。

我的鳔会充气

　　在我的身体里有两个乳白色的椭圆形"小气球"，紧贴在我的肾脏下方，大家管它叫鱼鳔。小小的鱼鳔和我一起长大，充气之后的鳔开始逐渐膨大，最后变成一个充满气体的鼓鼓的球。鳔可以调节我在水中的升降，稳定我的重心，我

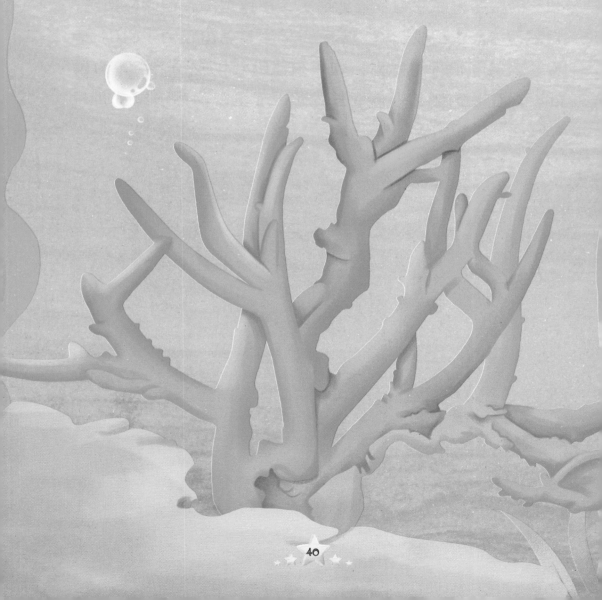

40

们可以依靠鱼鳔的胀缩来改变自身在水中的浮力，之后就可以自由地上浮和下沉了。鳔还有个很重要的作用就是抵抗水中过大的压力，让我的腹腔产生较大的空间，保护我的内脏器官不被挤压。经过这几天的成长，此时的我已不再侧卧，静止时我可以稳稳地立在水中了。

鳍长了出来

5月31日　周四　晴

　　要想成为一条真正的小鱼，还需要有一个必备的器官——"鳍"。鳍是我们鱼儿的运动器官和平衡器官，它对我们来说是非常重要的。我的尾鳍已经长出来了，也可以用尾鳍活动了。接下来就是我的背鳍和臀鳍亮相的时候了！在我的后背上渐渐长出了背鳍和臀鳍鳍条的雏形，更早一点生长出来的尾鳍也开始出现明显的分化。咦？一对小小的腹鳍也悄悄地长了出来，它们长在肛门前面的位置。腹鳍看起来像一把小扇子，在水中悠闲地摆动着。

我们一起找吃的

6月5日　周二　晴

身体快速成长的同时，我们肚子里的营养物质已经被完全消化掉了，所以长大后的我们要学会自己寻找食物，但我们不会因为抢夺食物而建立自己的生活圈，占领属于自己的地盘，我们都是和兄弟姐妹们和平相处的。天还没亮时，我们就开始沿着池塘的边缘寻找食物，一旦发现食物，我们就

会蜂拥而至，开始吃食。我们的食量是相当大的，吃饱了的时候我们就会一动不动，一旦没有吃饱我们就不会停止寻找食物的脚步。但是温度过高或者过低的时候，我们的食量就会减少，天气不好，影响食欲啊！

我的泳技提高了

6月7日 周四 晴

我们需要生长，而生长又需要食物，所以为了更好地寻觅食物，我们的游泳技术也在与日俱增。一开始我只能躲在池底下一动不动，坐看世间百态，到现在我已经可以畅快地在水中游玩嬉戏了。有时我们会在池塘边缘游动，为了取悦人们，获得好吃的食物；有时我们会成群结队地游泳，打闹嬉戏；有时我们会游到有阳光的地方，获取阳光给予的能量；有时我们还愿意躲在阴凉处，藏在水草的下面凉快凉快，我们快乐地度过着分分秒秒。

身上出现一条线

6月10日 周日 晴

　　在我的身体两侧，从脑袋到尾巴之间贯穿着一条深色的"线"，这条线是由很多个小点点连成的，大家都管它叫"侧线"，这条不起眼的侧线可帮了我很大的忙呢。当我在水中

玩耍的时候，如果没有注意到附近的礁石或者岩壁，侧线就会通过"传感器"及时提醒我不要撞到，这样我就不会被碰伤了。今天我正在池塘中捕食，并没有留意周围的危险，有一条凶猛的大鱼飞快地向我游来，我借着侧线的帮忙，才及时地躲避开。

鳍都长出来了

我的背鳍、臀鳍和胸鳍在刚刚长出来的时候看起来就像一层薄薄的膜，轻透、柔软。但这几天在背鳍、臀鳍和胸鳍上长出了一些鳍条，这些鳍条就像在这层薄膜上安装的支

50

架，将我原本随意垂下的鳍支撑起来，使它们充分展开，让我的鳍看起来更加有型。我的腹鳍也不甘落后，它从肚子上的一个小突起分化成和其他鳍一样的，拥有鳍条的完整腹鳍。在我惊喜于这些变化的同时，在我的背鳍和尾鳍之间、臀鳍和尾鳍之间原本存在的薄膜消失了，我又长大了一点。

胸鳍和尾鳍长有小锯齿

6月15日 周五 晴

　　胸鳍和尾鳍有一个区别于其他鳍的特别之处，那就是这两种鳍上长有一些小锯齿，像一个个小牙一样。我们的胸鳍变化不大，胸鳍上长有鳍条，排在最前面的鳍条是可以慢慢地变坚硬的，这样它才能支撑起整个鳍，使鳍看起来更加美观。鳍条的数目会根据金鱼的种类不同而有所不同，草金鱼的鳍条数目是我们中最多的，而相比之下，蛋种金鱼的鳍条数量最少。我们的胸鳍形状有所差异，草金鱼、龙晴、文种金鱼的胸鳍长而尖，蛋种金鱼的胸鳍短而圆。在同一个品种之中，雄鱼的胸鳍比雌鱼的更加长而尖。

我需要光照

6月16日 周六 晴

适量的太阳光照有利于我们的生长发育，在阳光的普照下，水中的水草可以吸收水中我们排泄出来的东西，作为它们生长的养料。同时水草还可以通过光合作用释放出氧气，给我们提供生存的条件。如果我们长时间失去阳光的照射就会变得萎靡不振，食欲不佳，生长也随着一系列不好的影响而变得缓慢。阳光还有一个好处，在我们长大的过程中，衣服的颜色由透明变成黄色，而这种转变的催化剂就是阳光，有了足够的阳光，我们身上的衣服就会变得鲜艳，阳光可以使我变得更美丽。

我控制不了自己的体温

6月20日　周三　晴

在体温这个方面，我们是善变的。我们的体温完全不受自己的控制，它完全取决于外界的温度。当外界的温度升高时，我们的体温也随之上升，这时我们的新陈代谢能力也增强了，需要的氧气量也就增多了。当外界的温度下降时，我

们的体温也跟着降低，但是我们不会一下子死掉，我们是不怕寒冷的体质。如果温度变化很大的话，常常会使我们失去平衡的能力，所以有时我们会出现侧浮、侧卧、翻转或倒立等现象，为了防止我们做出这种怪异的动作，保持适宜的温度还是相当必要的。

我的人生旺盛期

现在的我已经成长为一条成鱼了，听妈妈说这时是我人生中生命力最旺盛的时期，在作为成鱼的这段时间里，我的生命力是十分顽强的，体质也非常好。我有着光鲜亮丽的外衣，可以快活地游到水中的任何地方。我要珍惜这段美好的时光，等到春天来临时，我还可以去繁殖新的生命，给我的家族带来新鲜的血液，但我的生长发育的速度是缓慢的，所以为了快快长大，我要抓紧捕食去啦！

59

学会区分姐姐和哥哥

6月23日 周六 晴

姐姐和哥哥都是妈妈在同一年生下的，所以有时并不好区分，聪明的我天天观察着它们，试图找寻它们之间的不同。我终于发现，哥哥的体形比较长，身上的鳍也比姐姐的长，颜色艳丽而且比较深，在繁殖季节，哥哥比较活跃，游泳的速度很快，最喜欢追逐漂亮的雌鱼。姐姐的身材短而圆，身上的颜色比较淡，反应也没有哥哥敏捷。虽然很多人分不清我们家族小鱼们的性别，但是我可以轻松地分辨，所以小朋友们，要善于观察身边的事物哦！

我就要和妈妈分开了

6月27日 周三 晴

中国有句古话叫"虎毒不食子"，但是今天我就看到妈妈把几个刚出生不久的鱼宝宝吃掉了，我既害怕又难过。后来听村里的长者说鱼类是没有保护自己后代的天性的，所以，如果小鱼在鱼卵期或是很小时一直和妈妈在一起的话就容易被妈妈当成食物吃掉，这是鱼的天性，是改变不了的。我现在还很小，所以我也准备离开妈妈了，虽然我真的好舍不得妈妈啊，但是没有办法，谁也不能保证我们不被吃掉。再见，我的好妈妈。

小小鳞片作用大

6月30日 周六 晴

我的身上长了一副坚硬的"铠甲"，大家管它叫鳞片。鳞片的颜色多种多样，我们像穿上了一身华丽的衣裳。鳞片不仅美观，它的作用也不小呢！今天我为了追逐一条小鱼，一不留神钻进水塘池壁的小洞里，费了很大劲才钻出来，还好有这身"铠甲"的保护，我只是擦伤了鳞片。所以说不要小看这小小的鳞片，它在我的身体外面形成了一道天然的屏障，不但保护我不被外界的硬物所伤，还能将周围的许多微生物和细菌与我的身体隔绝，使我健康地成长。

肚子上有一面"防身镜"

7月1日 周日 晴

我的肚子上也有许多鳞片，但是相比较而言，它们没有我后背上的鳞片厚实，不过它们也有自己独特的功能呢！腹部鳞片的颜色比较浅，而且很光滑，看起来就像一面银光闪闪的镜子。在阳光明媚的日子里，腹部的鳞还能反射和折射太阳的亮光，晃得水底凶猛的动物睁不开眼睛，看不清我们的位置，也分不清我们到底是它们的食物还是一束阳光。肚子上的"防身镜"成了我们天然的伪装，替我抵挡了不少"敌人"呢。有了它，我们就可以安全地在水中游玩了。

身体的平衡全靠鳍

7月3日　周二　晴

　　我的背鳍对平衡起着关键作用，如果失去了背鳍，我就会在水中失去平衡，在游动的时候发生侧翻。我的胸鳍和腹鳍也起着平衡作用，如果失去它们，我的身体就会像个不倒翁一样，在水中左右摇摆不定。尾鳍可是我身体的一柄舵，

可以决定我游动的方向，如果没有了尾鳍，我就不会转弯，只能一直直行。臀鳍是协调其他各鳍起到平衡作用的重要鳍，如果失去臀鳍，我在水中就会微微地摇晃自己的身体。鱼鳍还有感知水流的作用。我身上的每个鳍都有自己的用途，同时它们也相互协调，共同作用，帮助我在水中自由自在地游动。

我用鳃呼吸

今天我的好朋友小乌龟游到我的身边，疑惑地问："小金鱼，你们每天都在不断地喝水，肚子会不会因为吸水太多而胀破啊？"我笑着回答说："我们没有一直在喝水呀！我们嘴部的一张一合是在呼吸呢！"水是我们赖以生存的环境，我们不是在喝水，而是让水通过鳃部，将水中的氧气留在身体里，以维持我们的生存，那么多的水最后是流出体外的。这也就是我们用鳃呼吸的原理了，听起来真的很神奇吧。小乌龟听完了我的话恍然大悟地点着头。

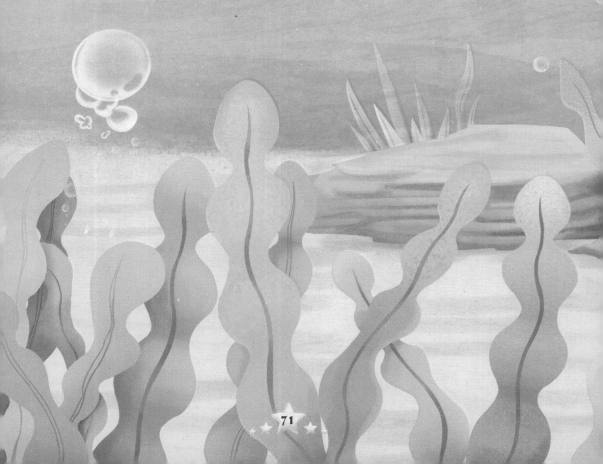

我睁着眼睡觉

7月8日 周日 晴

由于我们没有眼睑，所以我们是不会眨眼睛的，就连睡觉时也不能闭眼睛。我们经常静静地停在水中的安全区域，睁着两只大眼睛休息，不知道的人还以为我们天天精力充沛，不需要休息呢！有的小伙伴们很关切地问我："小金鱼，你每天都睁着眼睛，眼睛不会累、不会疼吗？"我微笑着回答："好朋友，别担心，我们生活的环境中有那么多水，可以保证我眼睛的湿润，有了水作为润滑剂，我们的眼睛也就不会疼了，我们的眼睛是可以正常看到小伙伴们和五彩斑斓的世界的。"

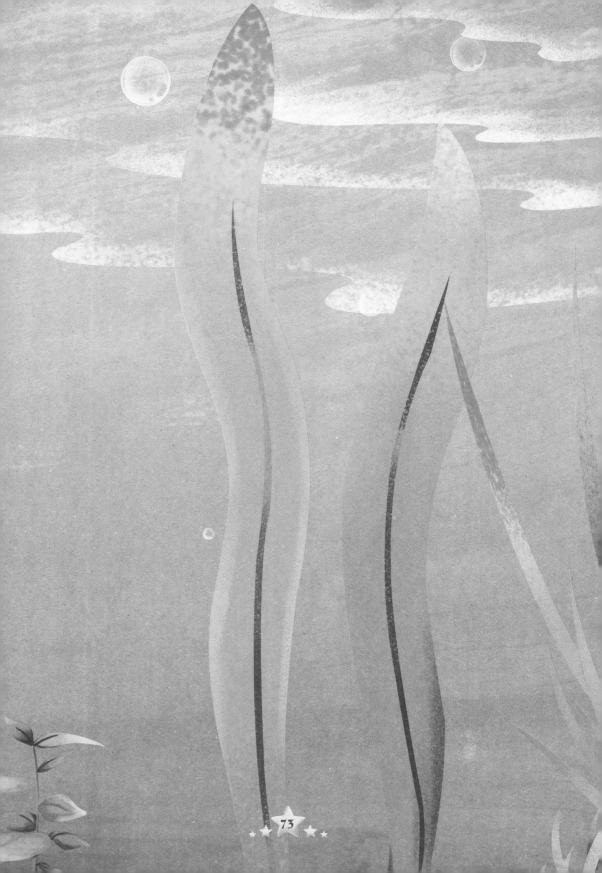

我是个近视眼

7月9日 周一 晴

我还有个小秘密，那就是我们小鱼都是近视眼。我们眼睛里有个水晶体，它呈圆球形，只能通过改变它的位置来调节视觉，所以我们也就只能看见较近的物体，离我们太远的物体，我们都是很少能看到的。虽然我们是近视眼，但是我们的反应却是十分灵敏的，我们的视野比人的视野要广阔得多，所以不用转身，我就能看见身体前后和上方的物体。一旦岸上有要钓鱼的人，我就可以通过光线的折射，在水中看到陆地上的人，从而及时地躲开人的追捕。

通过鱼鳞辨年龄

7月10日　周二　晴

　　我的记性不是很好，所以总是记不住自己的年龄，不过没关系，我有别的好办法，我身上的鳞片可以记录我的年龄。在春夏两季，水温升高，食物非常丰富，我也就生长得比较快，鳞片也生长得很快，鳞片上面同心圆之间的距离较

宽；秋冬两季天气寒冷，食物稀少，我的生长速度就变慢了，鳞片上面同心圆之间的距离就比较窄，这样的季节交替在我的鳞片上留下了明显的痕迹，这些宽窄不同的同心圆之间形成了分界线，这就是我们和大树一样的"年轮"，它记录着我们的年龄。

兄弟姐妹们比发型

7月11日 周三 晴

在我的家里一提到发型，那就属姐姐的最好看了，姐姐的发型属于鹅头型，头顶上总像是戴了一个皇冠一样，整个头部也都是红彤彤的，姐姐看起来像一个高贵优雅的公主。我也想梳姐姐的发型，结果梳着平头型的哥哥说我适合狮头型。我哥哥的头顶部薄而光滑，是典型的窄平头。家里最有个性的是妈妈的虎头型，额头饱满并直接延伸到了眼部以下，头顶为红色，我遗传了妈妈的基因，虽然头型不一样，但却是一样的美丽。哪天我照一张全家福给大家看一看。

我的眼睛很迷人

7月14日 周六 晴

我们这些小金鱼在很久以前就已经存在了，如果一直在正常的生长环境中发育，我想我们的眼睛应该是正常的。然而由于环境的改变、人为的饲养等很多方面的影响，改变了

我们生长发育的原有路线，因此也就产生了各种形态的金鱼。比如眼球凸出眼眶的，有时还向上翻转的是望天眼，由于眼球向天所以也叫朝天眼；最古怪的是眼眶白色、眼珠红色的红眼，夜里看到可吓人一跳；还有一种有趣的金鱼下颌部有一对水泡，圆鼓鼓的叫做戏泡。我们的眼睛有趣吧！

我的鼻型很饱满

7月15日 周日 晴

我们的鼻子非常显眼，长得很有型，也很有自己的特点。人们可以通过我们的鼻型认出我们，还给我们起了一个特别可爱的名字，叫绒球。我们的鼻子到底有什么特别之处呢？小朋友们想知道吗？那就让我来细致地告诉你们吧！我们的鼻子长在眼睛的上方，在鼻孔中间有一块皮肤褶皱，这个叫做鼻间隔。鼻间隔把鼻孔分成前后两个部分，像两个小屋子。我的鼻间隔特别地发达，在鼻子的外部长出了两个肉肉的小球，像两个毛茸茸的棉球，因此而得名"绒球"。

我们的鳃不一样

7月16日 周一 晴

我们在水中呼吸时，在脑袋下面时而鼓起来的东西，你知道是什么吗？那是我们的鳃。大自然是奇妙的，它不是一成不变的，而是变化多端的，让人们不断琢磨和探索，正因为它的变化使得我们的样子也有了变化。比如我们的鳃，也会因品种的不同而不同。鳃盖分为两部分：主鳃盖骨和下鳃盖骨。由于主鳃盖骨和下鳃盖骨的后面从里向外翻转，使得里面的鳃丝裸露在外边，这就是金鱼的翻鳃现象。

我们的体形不一样

7月17日　周二　晴

　　随着时间的流逝，身边的小鱼们都有了变化，有的长高了，有的变胖了。但和我一起玩的很多伙伴身高逐渐缩短了，身体从狭长变得短圆，最后大多数个体的身形变成了椭圆形或是纺锤形。但是我的肚子却还是特别膨大，天天在水

中慢吞吞地游动，别人都叫我"小球"，我好伤心啊，大家会不会觉得我胖而不喜欢我呀。后来我终于明白，原来我们是不同品种的金鱼，我叫做琉金，所以我的体形就应该是圆圆的，这是我们的特征。小伙伴叫兰畴，所以很瘦，很苗条。

今天要打疫苗了

7月21日 周六 晴

听说最近有许多小朋友得了鱼类的病毒性疾病，而进行免疫预防是唯一有效的办法，所以长辈们组织了集体打疫苗，使我们产生对病毒的抵抗力而不被病毒所感染。听说灭活疫苗优点多，安全性好，没有明显的副作用，保护的时间较长且稳定，使用简便。我们被采用了腹腔注射法，针扎到肚子里好疼啊，但为了不得病，我一定要坚持。打过疫苗之后我们一直待在温度适宜的条件下，以便免疫力的产生，我们要变得强壮，我要变强，我要变强……

我要防暑降温

7月24日 周二 晴

炎热的夏天来了，天气闷得让我有些喘不过气来，所以我想尽一切办法让自己可以抵抗住炎热。当温度不断升高时，我总是烦躁不安地游来游去，但是这样我消耗的体力也多，肚子很快就饿了，一场运动下来能吃下好多食物，吃得多，排出的废弃物也多，再加上水中的杂物多，我们生活的环境——水的质量就变得不好了。怎样防暑降温是我们大家都关心的首要问题，我们通常会躲在树荫之下，防止被阳光晒到，当然自己寻找凉爽的水域也是不错的选择。

患上了气泡病

夏天悄悄地来到了，这几天的天气十分炎热。阳光直射到水塘里，好像要把水塘里的水烧开了一样，水塘里的藻类最喜欢阳光了，它们见到阳光就开始撒欢地工作起来，水塘里顿时产生很多气泡。我们这些不懂事的小鱼看见水塘里多

了这么多好玩的泡泡都开心极了，把小泡泡当成小玩具，吸进嘴里，一会儿再吐出来，有的时候没有吸好，泡泡就跑进肚子里了。后来有些小伙伴的肚子变得鼓鼓的，纷纷浮上水面，原来它们得了气泡病，现在唯一的办法就是把伙伴们推到干净的水里慢慢排一下小泡泡。

我一辈子都不用喝水

7月29日　周日　晴

我们每天都生活在池塘中，周围都被水包围着，大家会认为我们这些小金鱼真幸福，一辈子都不愁没水喝。但是我要告诉大家一个秘密，其实我们这些小金鱼一辈子都是不用喝

水的，因为我们是生活在淡水里的小鱼。我们的血液和组织液中含有很多物质，血液的浓度要比周围的淡水高，渗透压也比淡水的高，所以环境中的淡水会从身体的各个位置进入我们的体内，补充我们身体所需要的水分，而且不单单我们不用喝水，我们还要想办法把身体里多余的水分排出去呢！

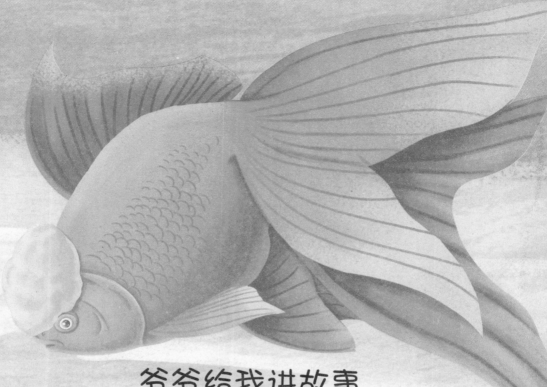

爷爷给我讲故事

8月5日 周日 晴

　　今天爷爷给我讲起了金鱼的历史，其实我们最早在中国出现。在北宋年间我们被视为神物，所以那时的我们很受宠爱，大家都会保护我们，很多时候我们会被人们放生，这样我们就有了更多的生存的机会。到了南宋时期，养殖金鱼成为一种时尚在人群中流行起来，我们的祖先就被饲养在人类建造的水池中，无忧无虑地生活着。到现在，我们更加贴近人们的生活，很多时候我们被当做观赏鱼类放在人们家中的鱼缸中饲养。

我们是个大家族

8月15日 周三 晴

其实我们金鱼是个大家族，家族里包含了众多的品种，中国的金鱼品种大约有160个，位居世界首位。我们大体分为四种，即：金鲫种、文种、龙种和蛋种。我的朋友小红鲫鱼就是金鲫种，它们适合在室外大池中饲养，尾巴特别长，超过体长的一半以上。我是典型的文种，体型短而宽，虎头，翻鳃，珍珠鳞，头顶上还有红色的"帽子"，全身银白色。朋友小龙是龙种，身形也很短，眼球凸出，有圆球形、梨形和圆筒形。蛋种是一个体形粗短，外形像鸭蛋的特殊品种，它具有狮子头，水泡眼，样子可爱极了。

我从不挑食

8月24日 周五 晴

我们是不挑食的杂食动物，对食物的要求并不严格，浮游动物性和浮游植物性的食物我们都能吃，但是常以动物性的食物为主。我最爱吃的食物是天然水域中的跳跳虫，它们个头比较小，我可以很轻松地将它们吃掉，之后我会感到特别地开心。小时候的我还喜欢吃轮虫类的原生小动物。在我们成长的过程中，绿色小浮萍也是我们喜欢的食物，它对我们的生长发育有很大的帮助。我身边的姐妹们还有喜欢吃水蚯蚓和孑孓的，这就如俗语所说"萝卜、白菜各有所爱"嘛。

病从口入

前几日，邻居家的小妹妹时常在角落里发呆，行动也变得缓慢了，不爱吃东西，开始我们以为它心情不好呢。最近它的肚子里经常会有黄色的黏液流出来，后来它虚弱极了，最终死掉了。我既伤心，也有些害怕，就问妈妈是怎么回事。妈妈告诉我，小妹妹得了肠炎，有可能是感染了某种细菌，妈妈还敦促我好好儿吃东西，吃干净的食物，尽量别吃腐败变质的食物。真的好害怕啊，我们要保护好自己的身体，少吃垃圾食品，防止病从口入，一定要注意饮食。

青春期要防止痘痘

这阵子我的脸上长出了几个乳白色的小斑点，上面还覆盖着一层很薄的白色黏液。开始我以为是长了青春痘，没有太在意，谁知慢慢地这些小斑点的表皮逐渐增厚，变成了大

块的像石蜡一样的东西。后来我的身体也有些消瘦了，没有力气游动，也没有吃东西的想法，还时常沉在水底。妈妈说我得了痘疮病，我好难过，在想是不是自己快要死了。后来一个住在池塘边的小朋友救了我，他在我的身边洒了很多治病的药。我好高兴又重获新生，感谢那个救我的小朋友。

我想要一个新家

9月26日 周三 晴

咳，咳，咳！好难受啊！鱼塘的水好像受到了什么污染，变得很脏，我都看不清离我不远的小伙伴了。而且现在天气转凉了，感觉周围冷冷的，身体沉沉的，没有一点食欲。听说别的鱼塘中的金鱼十分活泼，身体也比较健壮，颜色还漂亮，那是因为它们有丰富的食物和清澈的池水。我特别地羡慕，希望可以待在温和干净的水里。现在的鱼塘里有一团看不见的臭气，让我感到呼吸困难，头晕目眩，几乎要窒息了，而且我的活动能力也渐渐弱了，快快给我换个环境吧。

我对温度的适应能力强

虽然我们是变温动物，但我们的体温也不是永远都随水温的变化而变化的，太冷或太热的天气都会对我们的生长发育有一定的影响。所以在寒冷的天气里，做好保暖措施是非常重要的。当温度急剧下降时，即使我们真的好饿，也要停止吃东西了，其实主要的原因是我们要少活动，多让自己处于睡觉的状态，这样才能保证我们的体力不被过多地消耗。而且不吃东西也能减少体内的物质向外排泄，必要时我们还会消耗体内少部分的蛋白来维持自己的生命。

学校组织检查身体

听说我们中的一些兄弟姐妹最近要"出国留学"，和一些不同种类的金鱼进行生活经验的交流。由于我们是供人们观赏的鱼类，人们不会吃掉我们，所以我们存活的时间很长。但是如果我们身上带有病毒，那它传播的概率将会特别大。为了防止这些小鱼身体上携带着的病毒、细菌到处传播，在新的地区引发新的疾病，学校对我们进行了严格的检疫。虽然现在对我们的检疫设备还不够先进，但是我相信不久的将来它将会被不断地完善。

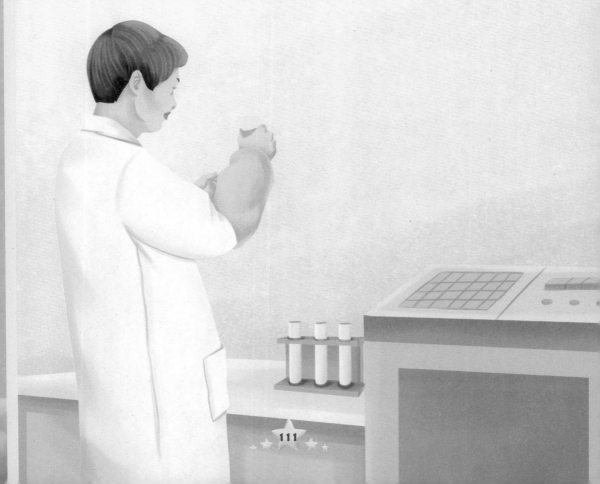

用漂白精粉大扫除

10月22日 周一 晴

最近由于鱼塘里的水被人类污染了，所以生长了很多细菌。为了广泛地灭杀细菌，还不会花很多钱，人们采用了漂白精粉消毒剂对池塘的水进行杀菌消毒。它不但能充分地溶

解在水中，而且在水中不易分解，能够长期地存在，起到消毒作用，相比于不容易保存的漂白粉，漂白精粉消毒剂的用途更广，作用时间更长，对我们的益处更大。漂白精粉经常被采用遍地播撒的方法，使得药物慢慢在广阔的水域内扩散开来，未来的日子里人们仍将采用漂白精粉来治理我们生活的水域，以保证我们的健康生长。

我们的病可以食补

10月26日 周五 晴

今天我看了一本关于食品的书籍，原来我们的很多病都可以通过食物治好呢。比如韭菜可以治疗白皮病和白头白嘴病；生姜和辣椒可以治疗小瓜虫病；大蒜头可以治疗肠炎；

槟榔可以驱虫，有强大的驱虫功效；南瓜喜欢温暖的环境，适应能力强，也可以治疗一些和小虫有关的病症。哇噻，食物不仅可以增强我们的体能还可以治病，为了避免生病时吃难吃的药，平时我们要好好吃饭，多吃这些食物，不让自己被病毒侵害，小朋友们，得病的感觉不好受啊。

我遇见了一个黑妹

11月11日 周日 晴

今天在外面散步时突然碰见了个"黑妹"，从头到尾巴都是黑色的，它缓慢地从我的身边游过，瘦瘦的样子让人看到就觉得可怜。它就这样独自游着，正好到了午饭的时间，我看它没有朋友，正好想请它一起吃个午饭。它拒绝了我，因为它一点胃口也没有，已经好久没吃东西了，却一点也不觉得饿。我觉得它一定是生病了，就决定带它去看医生，一进门医生看到它的样子就断定它生病了，但是具体的情况还要做一些检查才能知道，所以它被医生留下"住院观察"，希望它的病能快快好起来。

头要正、颈要直

11月18日 周日 晴

今天上体育课，老师要求头要正、颈要直，班里的小明一直直不起身体，弯弯的像一个老公公，别人都笑话它好丑。它哭着躲了起来，我在一片水草后面发现了它，我问它为什么直不起身体呢？它难过地告诉我，它患有一种弯体病，可能是由于水中含有的金属化合物把水体污染了，使得它的腰直不起来。它边说边哭，我也跟着难过起来，真的希望人类别再污染我们赖以生存的环境。水体污染受到打击最大的就是我们鱼类，真希望大家能保护环境，保护我们的水体。

爷爷去世了

12月10日 周一 晴

　　爷爷是我们这个家族的老寿星，它在这个水塘里已经度过了7个春夏秋冬了，它经历过大鱼的袭击，病痛的伤害，气候变化后的食物短缺等许多磨难，但是爷爷都坚强地活了下来。现在爷爷老了，身上的鳞片已经不再像往日那样光鲜亮丽了，身体也不再健壮了。现在是我保护爷爷的时候了，我经常给爷爷找吃的，驱赶骚扰爷爷的小鱼们。但是爷爷还是一天天地衰老，虽然它很爱我们，可它最终还是不能永远地陪在我们身边。爷爷离开了我们，我很伤心。